海洋环境人防工程
耐久性设计指南

Design Guide for Durability of
Civil Air Defence Works in Marine
Environment

张纪刚 / 主　编

张君博　李　莉　邵　峰 / 副主编

主编单位：青岛市人民防空办公室
　　　　　青岛理工大学
参编单位：青建集团股份公司
　　　　　山东正鑫工程设计有限公司
　　　　　立体空间(北京)工程技术研究有限公司
　　　　　青岛农业大学

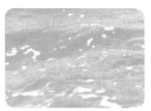

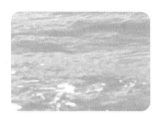

知识产权出版社
全国百佳图书出版单位
—北京—

图书在版编目（CIP）数据

海洋环境人防工程耐久性设计指南/张纪刚主编. —北京：知识产权出版社，2020.1
ISBN 978-7-5130-6695-2

Ⅰ.①海… Ⅱ.①张… Ⅲ.①海洋环境—人防地下建筑物—建筑设计—指南
Ⅳ.①TU927-62

中国版本图书馆 CIP 数据核字（2020）第 000529 号

内容简介

本设计指南旨在在明确山东省典型区域海洋环境特征的基础上，就人防工程的耐久性设计和施工提出参考指标，使得设计人员在考虑人防工程耐久性时有据可依。内容上，本书主要聚焦于人防工程原材料、主体工程耐久性设计、防腐蚀附加措施、施工技术要求等方面。本指南在编写过程中广泛调研了国内外人防工程、混凝土结构耐久性相关规范，以及耐久性设计、研究成果和工程实践经验，并广泛征求意见，经反复修改验收定稿。本书适合人防工程、土木工程及相关专业的从业人员参考使用，对海洋环境下人防工程及其相关防护设备的耐久性设计具有很好的指导意义。

责任编辑：张雪梅　　　　　　　　　责任印制：刘译文
封面设计：博华创意·张　冀

海洋环境人防工程耐久性设计指南
HAIYANG HUANJING RENFANG GONGCHENG NAIJIUXING SHEJI ZHINAN

张纪刚　主　编

张君博　李　莉　邵　峰　副主编

出版发行	知识产权出版社 有限责任公司	网　　址：http://www.ipph.cn
电　话：010-82004826		http://www.laichushu.com
社　址：北京市海淀区气象路 50 号院		邮　编：100081
责编电话：010-82000860 转 8171		责编邮箱：laichushu@cnipr.com
发行电话：010-82000860 转 8101		发行传真：010-82000893
印　刷：三河市国英印务有限公司		经　销：各大网上书店、新华书店及相关专业书店
开　本：787mm×1092mm　1/16		印　张：3.5
版　次：2020 年 1 月第 1 版		印　次：2020 年 1 月第 1 次印刷
字　数：61 千字		定　价：40.00 元

ISBN 978-7-5130-6695-2

编写委员会

主　　　　编：张纪刚

副　主　编：张君博　李　莉　邵　峰

主 编 单 位：青岛市人民防空办公室

青岛理工大学

参 编 单 位：青建集团股份公司

山东正鑫工程设计有限公司

立体空间（北京）工程技术研究有限公司

青岛农业大学

总 策 划 人：刘庆武

副 策 划 人：赵承桥　薛玉东

主要编写人员：张纪刚　张君博　李　莉　邵　峰

金祖权　梁海志　张　鹏　王鹏刚

高　嵩　王向英　王倩颖　柴永生

刘菲菲　商怀帅　侯东帅　王　胜

高玉民　杨广龙　李翠翠　刘晓英

罗健林　肖薇薇　陈鹏飞　马哲昊

前　　言

本指南由青岛市人民防空办公室、青岛理工大学会同有关单位共同编制而成。编写组广泛调研了国内外人防工程、混凝土结构耐久性相关规范，以及耐久性设计、研究成果和工程实践经验，先后编写完成了初稿和征求意见稿，并以多种方式在全国范围内广泛征求意见，经反复修改，验收定稿。

本指南的编写在明确山东省典型区域环境特征的基础上，遵循定量设计和评估方法，确定了海洋环境人防工程生命周期内耐久性设计和施工技术要求。全书共7章、2个附录，主要内容包括：总则，术语和符号，基本设计规定，原材料，主体工程耐久性设计，防腐蚀附加措施，施工技术要求。

本指南由青岛市人民防空办公室负责管理，由青岛理工大学负责具体技术内容的解释。为提高本指南的质量，请在使用本指南的过程中结合工程实践，积累经验与资料，并将意见和建议寄交青岛理工大学土木工程学院（地址：山东省青岛市抚顺路11号，邮编：266033；E-mail：jigangzhang@126.com）。

目　　录

1 总　　则

1.0.1　为保证海洋环境人防工程耐久性达到规定的设计使用年限，确保人防工程的合理使用寿命和防护性能要求，制定本指南。

1.0.2　本指南适用于海洋环境下各类新建、扩建、改建人防工程中的混凝土工程与防护设备的耐久性设计。

1.0.3　本指南中涉及的混凝土主要适用于海洋环境下人防工程中普通钢筋混凝土结构，不适用于轻骨料混凝土及其他特种混凝土结构。

1.0.4　海洋环境人防工程的耐久性设计除应符合本指南外，尚应符合现行有关标准的相关要求。

2 术语和符号

2.1 术　语

2.1.1 海洋环境　marine environment

对混凝土结构与防护设备性能产生劣化作用的大气、土体和水体中温湿度变化及有害介质所处的滨海海洋区域。

2.1.2 环境作用　environmental action

温、湿度及其变化以及二氧化碳、氧、盐、酸等环境因素对人防工程的作用。

2.1.3 人民防空工程　civil air defence works

为防范和减轻空袭危害，保护国家和人民生命财产安全，保障人民防空指挥、通信及人员、物资掩蔽等需要而修建的防护工程，包括为保障战时人员与物资掩蔽、人民防空指挥、医疗救护而单独修建的地下防护建筑，以及结合地面建筑修建的战时可用于防空的地下室（以下简称"人防工程"）。

2.1.4 主体　main part

人防工程中能满足战时防护和主要功能要求的部分，如有人员掩蔽要求的人防工程最里面一道密闭门以内的部分。

2.1.5 口部　gateway

人防工程主体与地表面或与其他地下建筑的连接部分。对于有防毒要求的人防工程，口部一般包括竖井、扩散室、缓冲通道、防毒通道、密闭通道、洗消间或简易洗消间、预滤室、滤毒室和出入口最外一道防护门或防护密闭门以外的通道等。

2.1.6 人防工程耐久性　durability of civil air defence works

在预定的设计使用年限、使用和维护条件下，人防工程结构及其配套设备设施能保持其适用性和安全性的能力。

2.1.7 使用年限　service life

性能满足使用要求的年限。

2.1.8 防腐蚀附加措施　additional corrosion prevention measures

在常规防护手段的基础上，为进一步提高混凝土结构耐久性所采取的补充措施，包括混凝土表面涂层、防腐蚀面层、环氧涂层钢筋、钢筋阻锈剂和阴极保护等。

2.1.9 防护设备 protective equipment

设于防护工程人员、设备出入口，进（排）风、排烟道口部，防护单元分区处等部位，用于阻挡或削弱冲击波、阻挡生化毒剂进入的设备。

2.1.10 超长混凝土结构 super-length concrete structure

单元长度超过现行国家标准《混凝土结构设计规范》GB 50010 所规定的混凝土伸缩缝最大间距的结构。

2.1.11 环境作用等级 level of environmental attack

按照材料的劣化机理和环境类别，依据温、湿度及其变化等不同环境条件描述环境作用。

2.2 符 号

2.2.1 计算指标

E_0——经历冻融循环之前混凝土的初始动弹性模量；

E_1——经历冻融循环后混凝土的动弹性模量；

W/B——混凝土的水胶比；

w_{lim}——最大裂缝宽度限值。

2.2.2 几何参数、计算系数

c——钢筋的混凝土保护层厚度；

D_{RCM}——用外加电场加速离子迁移的标准试验方法测得的氯离子扩散系数；

DF——混凝土抗冻耐久性指数。

3 基本设计规定

3.1 一般规定

3.1.1 海洋环境人防工程耐久性设计包括混凝土工程耐久性设计和防护设备耐久性设计。

3.1.2 海洋环境人防工程耐久性设计应根据工程的设计使用年限、工程所处的环境类别和环境作用等级进行，保证人防工程在设计使用年限内的安全和正常使用功能。

3.1.3 混凝土工程耐久性设计内容与原则：

　1 应选用质量稳定并有利于改善混凝土结构抗渗性的原材料，合理使用减水剂降低混凝土的拌合水用量与水胶比，合理使用矿物掺合料和外加剂。

　2 增加钢筋的混凝土保护层厚度。

　3 提出工程的抗裂、防渗技术措施。

　4 对于严酷环境条件下的人防工程重要部位，采取防腐蚀附加措施。

3.1.4 防护设备耐久性设计一般原则：

　1 海洋环境人防工程应选用国家人民防空主管部门发布或鉴定通过的防护设备；可选范围不满足工程需求时，可研发、设计必要的防护设备，设备选材、结构设计等环节应严格落实相关耐久性要求。

　2 海洋环境人防工程选用的防护设备应根据环境作用采取防腐蚀附加措施。

3.2 环境类别

3.2.1 人防工程结构所处环境按其对钢筋和混凝土材料与防护设备材料的腐蚀机理分为四类，按表3.2.1确定，与其对应的环境作用等级见表3.2.2。

表 3.2.1　环境类别

环境类别	名　称	腐蚀机理	离子浓度控制
Ⅰ	碳化环境	保护层的混凝土碳化引起钢筋锈蚀	水中 Cl⁻ 浓度＜500mg/L 土中 Cl⁻ 浓度＜750mg/L

环境类别	名　称	腐蚀机理	离子浓度控制
Ⅱ	冻融环境	反复冻融导致混凝土损伤	水中 Cl^- 浓度≤20 000mg/L； 土中 Cl^- 浓度≤25 000mg/L； SO_4^{2-} 浓度≤2 000mg/L
Ⅲ	氯盐环境	氯盐引起钢筋锈蚀	500mg/L≤水中 Cl^- 浓度≤20 000mg/L； 750mg/L≤土中 Cl^- 浓度≤25 000mg/L； SO_4^{2-} 浓度≤2 000mg/L
Ⅳ	盐渍土环境	土壤及地下水高浓度氯盐和硫酸盐对钢筋混凝土的腐蚀	2 000mg/L≤水中 SO_4^{2-} 浓度≤10 000mg/L； 3 000mg/L≤强透水性土中 SO_4^{2-} 浓度≤15 000mg/L； 水中 Cl^- 浓度≤20 000mg/L

表 3.2.2　环境作用等级

环境类别	环境作用等级				
	A 轻微	B 轻度	C 中度	D 严重	E 非常严重
一般环境	—	Ⅰ-B	Ⅰ-C	Ⅰ-D	
冻融环境	—	—	Ⅱ-C	Ⅱ-D	Ⅱ-E
氯盐环境	—	—	—	Ⅲ-D	Ⅲ-E
盐渍土环境	—	—	—	Ⅳ-D	Ⅳ-E

3.2.2　海洋环境中的人防工程，应分别满足每种环境类别单独作用下的耐久性要求。

3.2.3　海洋环境人防工程耐久性设计应考虑到可能发生的碱-骨料反应和软水对工程的溶蚀，原材料控制和耐久性设计应采取《混凝土结构耐久性设计规范》GB/T 50476 中的相关措施。

4 原 材 料

人防工程所用 C40 及以下强度等级的混凝土所用原材料应符合现行国家标准《普通混凝土配合比设计规程》JGJ 55 和《预拌混凝土》GB/T 14902 的相关规定，C40 以上强度等级的高性能混凝土所用原材料按以下条文执行。

4.1 水 泥

4.1.1 配制人防工程混凝土用的水泥应符合现行国家标准《硅酸盐水泥、普通硅酸盐水泥》GB 175 的规定。

4.1.2 所用水泥的比表面积宜在 $350 \sim 400 \mathrm{m}^2/\mathrm{kg}$ 范围内，C_3A 含量不宜超过 9%，游离氧化钙含量不超过 1.5%；水泥中含碱量应小于 0.6%。

4.2 骨 料

4.2.1 细骨料

　　1 混凝土用砂质量应符合现行国家标准《普通混凝土用砂、石质量及检验方法标准》JGJ 52、《建设用砂》GB/T 14684 的规定。

　　2 细骨料为中砂，细度模数为 2.4～3.0，含泥及泥块量≤2%，云母及轻物质含量≤1.0%，水溶性 Cl^- 含量不超过骨料质量的 0.01%，硫化物及硫酸盐含量（折算成 SO_3）不超过骨料质量的 0.5%，无潜在的碱活性。

4.2.2 粗骨料

　　1 碎石的质量应符合现行国家标准《普通混凝土用砂、石质量及检验方法标准》JGJ 52、《建设用卵石、碎石》GB/T 14685 的规定，且不宜采用砂岩碎石。

　　2 碎石骨料的压碎指标≤10%，针片状颗粒总含量宜≤5%、不应超过10%，含泥及泥块量≤1.5%，水溶性氯离子含量≤0.01%，无潜在的碱活性。

4.2.3 硫酸盐为主的盐渍土环境下混凝土采用的骨料中严禁使用石灰石粉。

4.3 矿物掺合料

4.3.1 矿渣粉为水淬高炉矿渣制得的 S95 或 S105 级矿粉，质量应符合《用于水泥、砂浆和混凝土中的粒化高炉矿渣粉》GB/T 18046 的规定，且比表面积应控制在 350~450m²/kg，水溶性氯离子含量≤0.02%，可溶性碱含量（按 $Na_2O+0.658K_2O$ 计算）≤0.45%（或总含碱量≤0.9%）。

4.3.2 粉煤灰应为Ⅰ级或Ⅱ级粉煤灰，其细度、需水量比、烧失量、含水量和三氧化硫含量应符合现行国家标准《用于水泥和混凝土中的粉煤灰》GB/T 1596 中的相关规定，且水溶性氯离子含量≤0.02%，可溶性碱含量（按 $Na_2O+0.658K_2O$ 计算）≤0.30%（或总含碱量≤1.8%）。

4.3.3 混凝土中掺加的硅灰，其二氧化硅含量不应小于92%，比表面积应不小于 16 500m²/kg，硅灰质量应符合《砂浆和混凝土用硅灰》GB/T 27690 的规定。

4.4 外 加 剂

4.4.1 混凝土外加剂包括减水剂、阻锈剂、膨胀剂、缓凝剂、泵送剂、引气剂等。外加剂质量必须符合国家现行标准《混凝土外加剂》GB 8076、《混凝土外加剂应用技术规范》GB 50119 的规定。

4.4.2 减水剂应为聚羧酸减水剂，制备的混凝土 28 天收缩率比为 100%。减水剂与工程所用水泥有良好的相容性，并能根据工程施工需要调整凝结时间和含气量。

4.5 水

4.5.1 拌制各种混凝土的用水应符合国家现行标准《混凝土用水标准》JGJ 63 的规定。

4.5.2 混凝土的拌合用水，应不含有影响水泥正常凝结、硬化或促使钢筋锈蚀的成分；水中氯离子含量不宜大于 200mg/L；硫酸盐含量按 SO_4^{2-} 计不大于 0.22%。

4.6 钢 筋

4.6.1 人防工程混凝土用钢筋应符合国家现行标准《钢筋混凝土用钢》GB/T 1499 的相关规定。

4.7 防护设备原材料

海洋环境人防工程应选用钢筋混凝土、钢材质的防护设备和运用其他材料研制定型并纳入国家标准或经国家人民防空主管部门鉴定通过的防护设备，设备原材料性能按以下条文执行。

4.7.1 混凝土

防护设备用混凝土强度等级不得低于设计加工图纸的要求，应控制的参数包括抗裂性、护筋性、耐蚀性、耐磨性、最大氯离子含量、最小抗冻耐久性指数、最大碱含量。

4.7.2 钢材

防护设备用钢材外形尺寸应符合《热轧钢板和钢带的尺寸、外形、重量及允许偏差》GB/T 709 和《热轧型钢》GB/T 706 等标准的要求，需控制的力学性能参数包括屈服点、抗拉强度、伸长率等，控制指标按相关国家标准执行。

4.7.3 橡胶制品

防护设备使用的橡胶制品应选用三元乙丙橡胶材料。其中，海绵橡胶密封条的物理、力学性能和工作条件应符合表 4.7.1 的规定；当压缩密封条的密封板厚度为 6mm 时，密封条的压缩变形与单位长度的压缩反力 Q 之间的关系应符合表 4.7.2 的规定；胶管、胶板的物理、力学性能和工作条件应符合表 4.7.1 的规定。

表 4.7.1 密封条、胶管和胶板的物理、力学性能和工作条件

性　能	密封条	胶管	胶板
	指标	指标	指标
扯断强度（MPa）	≥0.78	≥9	≥7
扯断伸长率（%）	≥280	≥350	≥300
压缩永久变形 (70±2)℃/96h（%）	≤25	≤12	≤12
热空气老化 (70±2)℃×72h	硬度变化率≤3.20%，拉伸强度变化率≤2.59%，拉伸伸长率变化率≥−5.25%	硬度变化率≤7%，拉伸强度变化率≤10%，拉伸伸长率变化率≤20%	硬度变化率≤7%，拉伸强度变化率≤10%，拉伸伸长率变化率≤20%
硬度（AO标尺）[邵氏 C（°）]	11～18	70±5	70±5
密度（g/cm³）	0.35～0.42	—	—
工作温度范围（℃）	−50～70	−50～70	−50～70
工作介质	空气、水	空气、水	空气、水

表 4.7.2 密封条的压缩变形与压缩反力之间的关系

压缩量 δ (mm)	6	8	10
压缩反力 Q (N/mm)	0.7~0.9	1.0~1.2	1.4~1.6

4.7.4 纤维增强复合材料

防护设备使用的纤维增强复合材料的使用寿命应高于防护设备的设计使用寿命，且应有明确的原材料关键性能和成品物理、力学性能检测标准。

5 主体工程耐久性设计

5.1 碳 化 环 境

5.1.1 环境作用等级

碳化环境对人防工程钢筋混凝土结构的环境作用等级应根据具体情况按表 5.1.1 确定。

表 5.1.1 碳化环境对人防工程钢筋混凝土结构的环境作用等级

环境作用等级	环境条件	示例
I-B	非干湿交替的室内潮湿环境	中、高湿度环境中的人防工程室内混凝土构件 长期与水或湿润土体接触的水中或土中构件 例如：长期处于地下水位的结建人防工程地下室围护结构及人防工程地下隧道工程主体结构
	长期湿润环境，永久水下环境	
I-C	干湿交替环境	一侧表面接触室内干燥空气，对侧表面接触水体或湿润土体的衬砌及墙、板结构 频繁接触水蒸气的构件 例如：交替处于最高最低地下水位之间的结建人防工程地下室围护结构及人防工程地下隧道工程主体结构
I-D	高二氧化碳浓度干湿交替环境	人防地下车库的顶板构件及接触水体和湿润土体的衬砌、墙、板结构

注：1. 中、高湿度环境指年平均相对湿度大于 60％的环境。
　　2. 高二氧化碳浓度环境指室内二氧化碳浓度达到大气浓度的 2 倍及以上的环境。

5.1.2 混凝土设计要求与保护层厚度

碳化环境的混凝土结构设计按照《混凝土结构耐久性设计标准》GB/T 50476 一般环境的设计要求参照执行，推荐的混凝土保护层最小厚度与相应的混凝土强度等级、最大水胶比按表 5.1.2 取值。

5.1.3 构造要求

1 在荷载作用下，钢筋混凝土构件的表面裂缝最大宽度计算值不应超过 0.20mm，其中裂缝宽度按现行国家标准《混凝土结构设计规范》GB 50010 计算。

2 混凝土不能出现贯穿至钢筋表面的裂缝。混凝土裂缝检测方法见附录 A。

3 施工缝、伸缩缝等连接缝的设置宜避开局部环境作用不利的部位，否则应采取有效的防护措施。

表5.1.2 碳化环境中混凝土设计要求与混凝土保护层最小厚度c（mm）

构件类型	环境作用等级	设计使用年限为100年			设计使用年限为50年		
		强度等级	最大水胶比	c	强度等级	最大水胶比	c
板、墙等面形构件	I-B	C35 ≥C40	0.50 0.45	30 25	C30 ≥C35	0.55 0.50	25 20
	I-C	C40 ≥C45	0.45 0.40	40 35	C35 C40	0.50 0.45	35 30
	I-D	C40 ≥C45	0.45 0.40	50 45	C35 C40	0.50 0.45	45 40
梁、柱等条形构件	I-B	C35 ≥C40	0.50 0.45	40 35	C30 ≥C35	0.55 0.50	35 30
	I-C	C40 C45 ≥C50	0.45 0.40 0.36	45 40 35	C35 C40 ≥C45	0.50 0.45 0.40	40 35 30
	I-D	C45 C50	0.40 0.36	50 45	C40 C45	0.45 0.40	45 40

注：1. 对于年平均气温高于20℃且年平均相对湿度大于75%环境中的构件，表中的混凝土最低强度等级宜提高5MPa，最大水胶比宜降低0.05。
2. 直接接触土体浇筑的混凝土保护层厚度应不小于70mm。
3. 处于流动水中或同时受水中泥砂冲刷侵蚀的构件保护层厚度宜适当增加10～20mm。
4. 本指南所涉及的混凝土结构的设计使用年限应按建筑物的合理使用年限确定，不应低于现行国家标准《工程结构可靠性设计统一标准》GB 50153的规定。

5.2 冻融环境

5.2.1 环境作用等级

冻融环境对人防工程钢筋混凝土结构的环境作用等级应根据具体情况按表5.2.1确定。

表5.2.1 冻融环境对人防工程钢筋混凝土结构的环境作用等级

环境作用等级	环境条件	示例
II-C	微冻地区的无盐环境 混凝土高度饱水	微冻地区的水位变动区构件和频繁受雨淋的口部构件水平表面
	严寒和寒冷地区的无盐环境 混凝土中度饱水	严寒和寒冷地区受雨淋的口部构件竖向表面

环境作用等级	环境条件	示 例
Ⅱ-D	严寒和寒冷地区的无盐环境混凝土高度饱水	严寒和寒冷地区的水位变动区构件和频繁受雨淋的口部构件水平表面
	微冻地区的有盐环境混凝土高度饱水	有氯盐微冻地区的水位变动区构件和频繁受雨淋的口部构件水平表面
	严寒和寒冷地区的有盐环境混凝土中度饱水	有氯盐严寒和寒冷地区受雨淋的口部构件竖向表面
Ⅱ-E	严寒和寒冷地区的有盐环境混凝土高度饱水	有氯盐严寒和寒冷地区的水位变动区构件和频繁受雨淋的口部构件水平表面

注：1. 冻融环境按当地最冷月平均气温划分为微冻地区、寒冷地区和严寒地区，其平均气温分别为−3～2.5℃、−8～−3℃和−8℃以下。
2. 中度饱水指冰冻前偶受水或受潮；高度饱水指冰冻前长期或频繁接触水或湿润土体。
3. 无盐或有盐指冻结的水中是否含有盐分，包括海水中的氯盐、除冰盐或其他盐类。

5.2.2 混凝土设计要求和保护层厚度

1 冻融环境中的人防工程混凝土结构构件，其普通钢筋的混凝土保护层最小厚度与相应的混凝土强度等级、最大水胶比应符合表5.2.2的规定。其中，有盐冻融环境中钢筋的混凝土保护层最小厚度应按氯盐环境的有关规定执行。

表5.2.2 冻融环境中混凝土设计要求与混凝土保护层最小厚度 c（mm）

构件类型	环境作用等级		设计使用年限为100年			设计使用年限为50年		
			混凝土强度等级	最大水胶比	c	混凝土强度等级	最大水胶比	c
板、墙等面形构件	Ⅱ-C 无盐		C45	0.40	35	C45	0.40	30
			≥C50	0.36	30	≥C50	0.36	25
			C_a35	0.50	35	C_a35	0.55	30
	Ⅱ-D	无盐	C_a40	0.45	35	C_a35	0.50	35
		有盐						
	Ⅱ-E 有盐		C_a45	0.40	35	C_a40	0.45	35
梁、柱等条形构件	Ⅱ-C 无盐		C45	0.40	40	C45	0.40	35
			≥C50	0.36	35	≥C50	0.36	30
			C_a35	0.50	40	C_a35	0.55	35
	Ⅱ-D	无盐	C_a40	0.45	40	C_a35	0.50	40
		有盐						
	Ⅱ-E 有盐		C_a45	0.40	40	C_a40	0.45	40

注：1. 如采取表面防水处理的附加措施，可降低对混凝土最低强度等级和最大水胶比的抗冻要求。
2. 预制构件的保护层厚度可比表中规定减少5mm。
3. 清水混凝土结构的混凝土保护层厚度设计值应比表中增加5mm。

2 混凝土抗冻耐久性指数不应低于表5.2.3的规定。

表5.2.3 混凝土抗冻耐久性指数 *DF*（%）

环境条件分区	设计使用年限为100年			设计使用年限为50年		
	高度饱水	中度饱水	盐或化学侵蚀下冻融	高度饱水	中度饱水	盐或化学侵蚀下冻融
严寒地区	80	70	85	70	60	80
寒冷地区	70	60	80	60	50	70
微冻地区	60	60	70	50	45	60

注：1. 抗冻耐久性指数为混凝土试件经300次快速冻融循环后混凝土的动弹性模量 E_1 与其初始值 E_0 的比值，即 $DF=E_1/E_0$；如在达到300次循环之前 E_1 已降至初始值的60%，或试件重量损失已达到5%，以此时的循环次数 N 计算 DF 值，$DF=0.6 \times N/300$。
2. 混凝土的抗冻性应按《普通混凝土长期性能和耐久性能试验方法标准》GB/T 50082中的快冻法进行检验。
3. 厚度小于150mm的薄壁混凝土构件，其 DF 值宜增加5%。

3 环境作用等级为Ⅱ-D和Ⅱ-E的混凝土结构构件应采用引气混凝土，引气混凝土的含气量应符合表5.2.4的规定。

表5.2.4 新拌混凝土含气量（%）

环境作用等级	骨料最大粒径（mm）			
	10	16	25	40
Ⅱ-D	4.5～5.5	4.0～5.0	3.5～4.5	3.0～4.0
Ⅱ-E	6.0～7.0	5.5～6.5	5.0～6.0	4.5～5.5

5.2.3 混凝土构件的裂缝控制及最大裂缝宽度限值

冻融环境中混凝土构件的裂缝控制等级及最大裂缝宽度限值应满足表5.2.5的规定。

表5.2.5 冻融环境中混凝土构件裂缝控制等级及最大裂缝宽度限值

环境条件分区	裂缝控制等级	最大裂缝宽度限值（mm）
严寒地区	三级	0.15
寒冷地区	三级	0.2
微冻地区	三级	0.3

5.2.4 构造要求

1 混凝土结构构件的形状和构造应有效地避免水、汽和有害物质在混凝土表面积聚，并应采取防止渗漏水侵蚀的构造措施。

2 在混凝土结构构件与上覆的露天面层之间应设置可靠的防水层。

3 当环境作用等级为D、E级时，应减少混凝土结构构件表面的暴露面积，并应避免表面的凹凸变化；构件的棱角宜做成圆角。

4 施工缝、伸缩缝等连接缝的设置宜避开局部环境作用不利的部位，否则应采取有效的防护措施。

5.3 氯盐环境

5.3.1 环境作用等级

1 氯盐环境对人防工程钢筋混凝土结构的环境作用等级应根据具体情况按表5.3.1确定。

表 5.3.1 氯盐环境对人防工程钢筋混凝土结构的环境作用等级

环境作用等级	环境条件	示例
Ⅲ-D	500mg/L≤水中 Cl⁻浓度≤5 000mg/L 750mg/kg≤土中 Cl⁻浓度≤7 500mg/kg	地下水中氯离子或者土中氯离子浓度在Ⅲ-D环境条件范围之内与地下水直接接触的人防工程侧墙、底板等部位
Ⅲ-E	海水涨潮岸线以外 0～300m 范围内的人防工程 5 000mg/L＜水中 Cl⁻浓度≤20 000mg/L 7 500mg/kg＜土中 Cl⁻浓度≤25 000mg/kg	涨潮岸线以外 0～300m 范围内的人防工程口部 地下水中氯离子或者土中氯离子浓度在Ⅲ-E环境条件范围内与地下水直接接触的人防工程侧墙、底板等部位

注：1. 人防工程混凝土一般有防水等级的要求，但并不表明腐蚀地下水在使用年限内不会渗入混凝土内部，只是渗入的程度不同。此外，很多地下人防工程埋深在10m以下，沿海地区地下水位较低，故存在压力水头作用。因此，沿海地区人防工程在高腐蚀地下水环境下的钢筋锈蚀风险较高。

　　2. 如果沿海人防工程处于冻融区域，在重度和轻度盐雾区的人防工程口部会受到冻融和盐雾的影响，且其地下水中的氯离子浓度与海水接近，故此区域涨潮岸线以外 0～300m 范围内的人防工程口部同样按照Ⅲ-E设计。

2 在确定氯盐环境对钢筋混凝土结构的作用等级时，不应考虑混凝土表面普通防水层对地下水的阻隔作用。

5.3.2 混凝土设计要求和保护层厚度

1 氯盐环境中应采用掺有矿物掺合料的高性能混凝土。混凝土的耐久性质量和原材料选用要求应符合第 4 章的规定。

2 氯盐环境中的钢筋混凝土结构构件，其混凝土强度等级、混凝土抗氯离子侵入性指标（RCM法测试的表观氯离子扩散系数）、混凝土最大水胶比、普通钢筋的保护层最小厚度应符合表 5.3.2 的规定。

表 5.3.2 氯盐环境混凝土设计要求和保护层最小厚度 c（mm）

构件类型	环境作用等级	设计使用年限为 100 年				设计使用年限为 50 年			
		最低强度等级	最大水胶比	c	28d 氯离子扩散系数（×10^{-12}m²/s）	最低强度等级	最大水胶比	c	28d 氯离子扩散系数（×10^{-12}m²/s）
板、墙等面形构件	Ⅲ-D	C40	0.42	50	≤6	C35	0.45	45	≤10
	Ⅲ-E	C50	0.36	55	≤4	C45	0.40	50	≤7
梁、柱等条形构件	Ⅲ-D	C40	0.42	55	≤6	C35	0.45	50	≤10
	Ⅲ-E	C50	0.36	60	≤4	C45	0.40	55	≤7

注：Ⅲ-E 可能出现海水冰冻环境时，宜采用引气混凝土；预制构件的保护层厚度可比表中规定减少 5mm。

3 对处于氯盐环境中的钢筋混凝土构件，当采取可靠的多重防腐蚀附加措施并经过专家论证后，其混凝土保护层最小厚度可降低 5~10mm。

4 对于氯盐环境，钢筋混凝土腐蚀主要是由氯离子渗透导致的，故其核心控制指标为抗氯离子侵入性指标。如果低一个强度等级的混凝土 28d 的抗氯离子侵入性指标能达到表 5.3.2 的要求，则该混凝土仍可使用。

5 地下海水环境中钢筋混凝土构件的纵向受力钢筋直径应不小于 16mm。

5.3.3 混凝土构件裂缝控制等级及最大裂缝宽度限值

氯盐环境中混凝土构件的裂缝控制等级及最大裂缝宽度限值 w_{lim} 应满足表 5.3.3 的规定。

表 5.3.3 氯盐环境中混凝土构件裂缝控制等级及最大裂缝宽度限值 w_{lim}

环境作用等级	裂缝控制等级	w_{lim}（mm）
Ⅲ-D	三级	0.2
Ⅲ-E	三级	0.15

5.3.4 构造要求

1 伸缩缝、混凝土施工接缝等部位的混凝土宜局部采取防腐蚀附加措施，处于伸缩缝及混凝土施工缝下方的构件应采取防止渗漏水侵蚀的构造措施。

2 处于氯盐环境的构件宜采用焊接性能好的钢筋。

5.4 盐渍土环境

5.4.1 环境作用等级

盐渍土环境对人防工程钢筋混凝土结构的环境作用等级应根据具体情况按表 5.4.1 确定。

表5.4.1 盐渍土环境对人防工程钢筋混凝土结构的环境作用等级

环境作用等级	环境条件			示　例
	水中 SO_4^{2-}（mg/L）	强透水性土中 SO_4^{2-}（水溶值，mg/kg）	弱透水性土中 SO_4^{2-}（水溶值，mg/kg）	
Ⅳ-D	≥2 000，≤4 000	≥3 000，≤6 000	≥1 500，≤15 000	与海水直接接触或与海水相通的人防工程侧墙、底板等
Ⅳ-E	>4 000，≤10 000	>6 000，≤15 000	>15 000	盐池或海水养殖池水域的人防工程侧墙、底板等

注：1. 强透水性土是指碎石土和砂土，弱透水性土是指粉土和黏性土。
　　2. 当混凝土结构处于高硫酸盐含量（水中 SO_4^{2-} 含量大于 10 000mg/L、土中 SO_4^{2-} 含量大于 15 000mg/kg）环境时，其耐久性技术措施应进行专门研究和论证。

5.4.2 混凝土设计要求和保护层厚度

1 盐渍土环境下混凝土材料和保护层厚度应满足表5.4.2的规定。

表5.4.2 盐渍土环境混凝土设计要求与钢筋的保护层最小厚度 c（mm）

环境作用等级	设计使用年限为100年			设计使用年限为50年		
	最低强度等级	最大水胶比	c	最低强度等级	最大水胶比	c
Ⅳ-D	C45	0.40	45	C35	0.42	45
Ⅳ-E	C50	0.36	45	C40	0.40	45
	C55	0.33	40	—	—	—

注：1. 盐渍土环境下的桩基混凝土在凝结以前一般就与腐蚀地下水接触，部分腐蚀离子可能渗透至新拌混凝土内部，故建议混凝土强度等级为C50，保护层厚度在70～90mm，并采用防腐蚀附加措施。
　　2. 盐渍土环境下的土-气交界区（±0.5m）不仅存在硫酸盐的化学腐蚀，而且存在盐结晶腐蚀。上述区域应采用防腐蚀附加措施。

2 氯盐为主的盐渍土环境不宜单独采用硅酸盐或普通硅酸盐水泥作为胶凝材料配制混凝土，矿粉应具有较好的氯离子结合能力，建议掺加 20%～50% 的矿物掺合料（主要指粉煤灰或矿粉），并宜加入少量硅灰。

3 用于Ⅳ-E盐渍土环境的钢筋混凝土构件，50 年和 100 年服役年限混凝土 28d 龄期氯离子扩散系数 D_{RCM} 宜小于 $7×10^{-12}\,m^2/s$ 和 $4×10^{-12}\,m^2/s$。同时，应检测胶凝材料的抗硫酸盐侵蚀性能，其抗蚀系数（56d）不得小于 0.80。

4 盐渍土环境中的混凝土或钢筋混凝土，外加剂的选用应符合下列规定：

1）以氯盐为主的盐渍土环境，宜选用但不限于阻锈剂、耐蚀钢筋、表面涂层、表面憎水处理或电化学保护等作为附加防腐措施。

2）以硫酸盐为主的盐渍土环境，宜选用但不限于硫酸盐防腐剂、表面涂层和表面憎水处理等作为附加防腐措施。

5.4.3 构造要求

1 普通钢筋应优先选用 HRB400 级钢筋；受力钢筋直径不应小于 12mm；当构件处于可能遭受强腐蚀的环境时，受力钢筋直径不应小于 16mm。

2 在荷载作用下，钢筋混凝土构件的表面裂缝最大宽度计算值不应超过 0.20mm；对于Ⅳ-E 且有氯盐腐蚀的环境，裂缝宽度应控制在 0.15mm。裂缝宽度按现行国家标准《混凝土结构设计规范》GB 50010 计算。

3 盐渍土环境下的混凝土构件中的钢筋构件，应与浇筑在混凝土中并部分暴露在外的吊环、紧固件、连接件等铁件隔离。

6 防腐蚀附加措施

6.1 一般说明

6.1.1 人防工程所处环境作用等级为Ⅲ-D、Ⅲ-E、Ⅳ-D、Ⅳ-E时，混凝土结构应采取防腐蚀附加措施。

6.1.2 人防工程所处环境作用等级为B、C、D、E时，选用的防护设备应进行防腐蚀涂层保护体系设计，该体系符合本指南要求。

6.1.3 环境作用严重及以上的重要工程，宜采取多重防腐蚀附加措施。

6.2 混凝土表面涂层

6.2.1 利用环氧涂料、氯化橡胶涂料、聚氨酯涂料、丙烯酸涂料或水性涂料等其他防腐涂层对混凝土表面进行涂装封闭，防止或减缓腐蚀性介质的渗入。

6.2.2 混凝土表面防腐蚀涂料的品质与涂层性能应满足下列要求：

1 涂层应具有良好的耐碱性、附着性和耐蚀性；底层涂料应具有良好的渗透能力；表层涂料应具有抗老化性。

2 涂层自身的耐久性和对混凝土的有效防护时间，薄层涂料不应低于10年，复合型涂层或厚涂层不应低于20年。

3 涂层的性能应满足表6.8.1中腐蚀环境作用等级为D级、E级的要求。

4 涂层体系性能要求见表6.8.2中腐蚀环境作用等级为D级、E级的要求。

6.3 混凝土表面憎水处理

6.3.1 采用硅类、氟类憎水材料或其他硅烷浸渍材料对混凝土进行表面涂敷，使混凝土表层具有憎水性，阻滞有害介质进入和腐蚀破坏。憎水处理适用于直接暴露于氯盐及盐渍土环境中的混凝土表面。

6.3.2 混凝土表面浸渍宜采用辛基或异丁基硅烷材料，也可采用符合《海港工程混凝土结构防腐蚀技术规范》JTJ 275的其他硅烷浸渍材料；侧面或仰面宜采用硅烷膏体作为浸渍材料。

6.3.3 混凝土表面硅烷浸渍材料应能渗透到混凝土内部。硅烷类涂料对混凝土的有效防护时间不应低于10年。

6.3.4 浸渍硅烷前应按《海港工程混凝土结构防腐蚀技术规范》JTJ 275 规定的方法进行喷涂试验。

6.3.5 浸渍硅烷的质量验收以每 500m² 浸渍面积为一个浸渍质量验收单元。浸渍硅烷工作完成后，按《海港工程混凝土结构防腐蚀技术规范》JTJ 275 中的方法各取两个芯样分别进行吸水率、浸渍深度和氯盐吸收量降低效果的测试。当任一验收单元浸渍质量的三项测试结果中任意一项不满足下列要求时，该验收单元应重新浸渍硅烷后测试。

1 吸水率平均值不应大于 $0.01mm/min^{1/2}$。

2 C45 以下（含 C45）的混凝土，浸渍深度应达到 3~4mm；C45 以上的混凝土应达到 2~3mm。

3 氯盐吸收量的降低效果平均值不小于 90%。

6.4 钢筋阻锈剂

6.4.1 对于Ⅲ-E、Ⅳ-D、Ⅳ-E 环境作用等级下的结构，应在混凝土中掺入钢筋阻锈剂。

6.4.2 钢筋阻锈剂应符合现行行业标准《钢筋阻锈剂应用技术规程》JGJ/T 192 和《钢筋混凝土阻锈剂》JT/T 537 的有关规定。

6.4.3 钢筋阻锈剂的掺量和使用方法应按相应产品的推荐使用，并进行试配和适应性试验。

6.5 防腐蚀钢筋

6.5.1 环氧树脂涂层钢筋

1 海洋环境和强腐蚀盐渍土环境中的混凝土构件，可在优质混凝土的基础上选用环氧树脂涂层钢筋。环氧树脂涂层钢筋可与钢筋阻锈剂联合使用，但不能与阴极保护联合使用（除非在钢筋绑扎后再做环氧树脂涂层）。

2 环氧树脂涂层钢筋的原材料、加工工艺、质量检验及验收标准应符合现行行业标准《环氧树脂涂层钢筋》JG/T 502 的有关规定。环氧树脂涂层钢筋在运输、吊装、搬运和加工过程中应避免损伤涂层，钢筋的断头和焊接热伤处应在 2h 内用钢筋生产厂家提供的涂层材料及时修补。在整个施工过程中，应随时检查涂层损伤缺陷并及时修补。如发现单个面积大于 25mm² 的涂层损伤缺陷，或每米长的涂层钢筋上出现多个损伤缺陷的面积总和超过钢筋表面积的 0.1%，不容许再修补使用。

3 与无涂层的普通钢筋相比，环氧树脂涂层钢筋与混凝土间的粘结强度下降 20%，因而采用环氧树脂涂层钢筋时的钢筋绑扎搭接长度及混凝土构件的刚度和裂缝计算值均与采用普通钢筋时有所不同。

4 架立和绑扎环氧树脂涂层钢筋，不得使用无涂层的普通钢筋和金属丝。环氧树脂涂层钢筋与无涂层的普通钢筋之间不得有电连接。在浇筑混凝土时宜采用附着式振动器振捣，如使用插入式振动器，需用塑料或橡胶包覆振动器。

6.5.2 耐蚀钢筋和不锈钢钢筋

在腐蚀环境中可采用耐腐蚀钢种材质的钢筋。在特别严重的腐蚀环境下，要求确保百年以上使用年限的特殊重要工程，可选用不锈钢钢筋。耐蚀钢筋和不锈钢钢筋与普通钢筋的连接需采用套筒连接，且连接部位应处于非严重腐蚀区域。

6.6 抗 裂 纤 维

6.6.1 抗裂要求较高的混凝土可选用有机纤维（聚丙烯纤维或 PVA 纤维），抗力要求较高的可选用钢纤维。

6.6.2 采用的有机纤维应满足以下技术要求：

1 有机纤维的弹性模量不小于 3000MPa，抗拉强度不小于 270MPa，断裂伸长率不大于 40%，耐碱系数不小于 95%。

2 纤维的耐碱性试验参考国家现行标准《玻璃纤维增强复合材料筋高温耐碱性试验方法》GB/T 34551。

6.6.3 采用的钢纤维应满足以下技术要求：

1 抗拉强度不得低于 380MPa，当工程有特殊要求时钢纤维的抗拉强度可由需方根据技术与经济条件提出。钢纤维应能经受沿直径为 3mm 的钢棒弯折 90°不断。

2 钢纤维表面不得有油污和其他妨碍钢纤维与水泥浆粘结的杂质，不得镀有有害物质或涂有不利于与混凝土粘结的涂层。

3 钢纤维内含有的因加工不良造成的粘连片、表面严重锈蚀的钢纤维铁锈粉及杂质的总质量不得超过钢纤维质量的 1%。

4 钢纤维混凝土的其他材料应符合《钢纤维混凝土》JG/T 472 的相关规定。

6.7 电化学防护

6.7.1 新建工程中可能遭受Ⅲ-E级氯盐环境作用的钢筋混凝土，且预期其他措施不能长期有效地阻止钢筋锈蚀时，可选择外加电流阴极保护方法或牺牲阳极阴极保护方法。

6.7.2 采用阴极保护时，在混凝土浇筑过程中应保证钢筋的电连接性及埋设的探头、电缆和接头完好。

6.7.3 阴极保护的设计、施工、运行、检测、管理均应由专业人员依据相关规定执行。

6.7.4 以环氧涂层钢筋拼接的构件，不宜采用阴极保护；不可避免时，应先设置阴极保护装置，后做钢筋涂层，并确保整个钢筋架构具有良好的电连续性，且阴、阳极之间不应有短路。

6.7.5 含有碱活性骨料和无金属护套的预应力筋不宜采用阴极保护。

6.8 防护设备防腐涂层

6.8.1 涂层体系保护年限

涂层体系保护年限为大于或等于 20 年，保护年限内涂层 95％以上区域的锈蚀等级不高于《色漆和清漆涂层性能试验后的评级方法》ISO 4628 规定的 Ri2 级，无起泡、剥落和开裂现象。

6.8.2 腐蚀环境分类

腐蚀环境分类符合本指南 3.2 环境类别要求。

6.8.3 涂装部位分类

按涂装部位分为三类：

1 外表面，指表面为非传动接触表面，且使用时完全暴露于空气环境，如门框、门扇外表面。

2 封闭环境内表面，指表面为非传动接触表面，且使用时不暴露于空气环境，如门框与混凝土的接触面、钢质门扇的型钢骨架。

3 非封闭环境内表面，指表面为非传动接触表面，且使用时不完全暴露于空气环境，如战时通风管道内表面。

6.8.4 涂装阶段分类

按涂装阶段分为两类：

初始涂装：钢结构产品或零部件的初次涂装（包含 2 年缺陷责任期内的涂装）。

维修涂装：在运营全过程中对涂层进行的维修保养。

6.8.5 涂层体系要求

1 涂层体系性能要求。

防护设备钢构件涂层体系性能要求按表 6.8.1 的规定。

表 6.8.1　防护设备钢构件涂层体系性能要求

腐蚀环境作用等级	防腐寿命（年）	耐水性（h）	耐盐水性（h）	耐化学品性能（h）	附着力（MPa）	耐盐雾性（h）	人工加速老化性（h）
B	≥20	240	—	—	≥5	1 000	1 500
C	≥20	240	240	72		2 000	3 000
D	≥20	240	240	240		3 000	4 000
E	≥20	240	240	240		4 000	5 000

注：1. 耐水性、耐盐水性、耐化学品性能涂层试验后不生锈、不起泡、不开裂、不剥落，允许变色和失光。
　　2. 附着力性能检测采用拉开法。
　　3. 耐盐雾性涂层试验后不起泡、不剥落、不生锈、不开裂。
　　4. 人工加速老化性能涂层试验后不生锈、不起泡、不剥落、不开裂、不粉化，允许 2 级变色和 2 级失光。

防护设备钢筋混凝土构件涂层体系性能要求按表 6.8.2 的规定。

表 6.8.2　防护设备钢筋混凝土构件涂层体系性能要求

腐蚀环境作用等级	防腐寿命（年）	耐水性（h）	耐碱性（h）	耐化学品性能（h）	附着力（MPa）	抗氯离子渗透性[mg/（cm² · d）]	人工加速老化性（h）
B、C	≥20	240	720	72	≥1.5	—	500
D、E	≥20	240	720	168		≤1.0×10⁻³	1 000

注：1. 抗氯离子渗透性按 JT/T 695 附录 B 的方法进行试验。
　　2. 耐水性及其他性能试验后要求同表 6.8.1。

防护设备复合材料构件（如树脂基增强纤维复合材料）表面涂层体系应根据实际材料进行设计，设计内容包括涂层体系性能要求、施工技术要求和检验方法。保护年限不低于 20 年。

为保证防护设备的涂层体系更好地发挥保护作用，人防工程内部应设置抽湿机，以保持内部系统相对湿度低于 50%。

2　涂层体系配套要求。

1）按照腐蚀环境、防腐寿命等设计涂层配套体系。

2）较高防腐等级的涂层配套体系也适用于较低防腐等级的涂层配套体系，并可参照较低防腐等级的涂层配套体系设计涂层厚度。

3）涂层配套体系可根据涂料的更新及使用过程中涂料的施工条件、工艺装备进行调整，涂层体系性能要求不低于表 6.8.2 的规定。

4）涂层配套体系中底涂层和封闭涂层均应在车间完成，中间涂层宜在车间完成，面涂层宜在工程现场完成。

5）防护设备应按涂装部位列明配套的涂层体系，体系各层涂料之间的配套性可参照附录 B，有电弧喷锌或喷铝的构件则将相应的底涂层免去。

7 施工技术要求

7.1 混凝土工程

人防工程应根据本指南采用合理的施工措施,选用合适的混凝土材料,控制温度变化和收缩引起的裂缝,减少或取消伸缩缝。人防工程施工除应遵守本指南外,尚应符合国家现行有关施工标准、规范的规定。

7.1.1 人防工程施工宜采用商品混凝土。

7.1.2 混凝土各分项工程的施工应在前一分项工程检查合格后进行。

7.1.3 工程施工中应对隐蔽工程作记录,并应进行中间或分项检验。

7.1.4 土建主体工程结束并检验合格后方可进行设备安装。

7.1.5 人防工程施工时的安全技术、环境保护、防火措施等必须符合相关的专项规定。

7.1.6 用于人防工程的混凝土拌合物性能试验方法参照现行国家标准《普通混凝土拌合物性能试验方法标准》GB/T 50080 中的相关规定执行;坍落度经时损失试验方法参照现行国家标准《混凝土质量控制标准》GB 50164 中的相关规定执行;力学性能试验方法应符合现行国家标准《混凝土物理力学性能试验方法标准》GB/T 50081 的有关规定;抗压强度的评定依据《混凝土强度检验评定标准》GB/T 50107 进行。

7.1.7 模板和支架的设计、施工及拆除应符合《人民防空工程施工及验收规范》GB 50134、《大体积混凝土施工标准》GB 50496、《混凝土结构工程施工规范》GB 50666 等现行有关施工标准、规范的规定。

7.1.8 人防工程混凝土养护应符合《混凝土结构耐久性设计规范》GB/T 50476 的相关规定。

7.1.9 人防工程防水、防渗应符合《地下工程防水技术规范》GB 50108 等现行有关施工标准、规范的规定。

7.1.10 超长大体积混凝土结构采用跳仓法施工;应根据结构沉降发展规律控制差异沉降,包括绝对差异沉降和相对差异沉降,有条件地取消沉降后浇带。

7.1.11 超长大体积混凝土结构跳仓法施工方案应包括但不限于下列内容:

    1 底板、墙体、楼板分别绘制分仓图。

2 温度应力和收缩应力的计算。

3 施工阶段温控措施。

4 原材料优选、配合比设计、制备与运输。

5 混凝土主要施工设备和现场总平面布置。

6 温控监测设备和测试布置图。

7 混凝土浇筑顺序和施工进度计划。

8 混凝土保温和保湿养护方法。

9 主要应急保障措施（交通堵塞、不利气候条件下等）。

10 特殊部位和特殊气候条件下的施工措施。

7.1.12 超长大体积混凝土结构跳仓法的施工除应参照国家大体积混凝土施工规范及混凝土搅拌生产工艺的要求，混凝土结构钢筋满足结构承载力和设计构造要求外，应注意加强构造设计，必要时可配置抗裂构造钢筋。

7.1.13 超长大体积混凝土结构跳仓法施工前，应对施工阶段大体积混凝土浇筑体的温度、温度应力及收缩应力进行试算，并制定相应技术措施。

7.1.14 超长大体积混凝土结构跳仓法施工中，应根据现场条件、周围环境做好跳仓法施工组织设计，且应制定雨季、高温、气温骤降等特殊或异常条件下的应急预案。

7.1.15 超长大体积混凝土结构跳仓法施工的拆模时间应满足国家现行有关标准对混凝土的强度要求和温控要求。

7.2 防护设备

7.2.1 一般规定

1 人防工程防护设备生产企业应根据现有设备、人员、检测手段等情况制定生产加工工艺文件，内容应覆盖每个型号零部件图的放样、号料、切割、制弯、制孔、试装、检验等。

2 防护设备产品按企业编制的工艺文件组织生产，质量管理宜符合《质量管理体系要求》GB/T 19001（ISO 9001）的要求。

3 防护设备安装前应对产品和安装辅助材料进行全数检，产品质量按《人民防空工程防护设备产品质量检验与施工验收标准》RFJ 01、《人民防空工程防护设备试验测试与质量检测标准》RFJ 04 的要求进行检验，质量合格率为 100%。

4 防护设备验收前应对设备和系统的安装质量进行检测，防护密闭门等防护设备按《人民防空工程防护设备产品质量检验与施工验收标准》RFJ 01、《人民防空工程防护设备试验测试与质量检测标准》RFJ 04、《人民防空工程质量验收与评价标准》RFJ 01 的要求进行检测；过滤吸收器等战时通风系统防护设备按《人民防空工程质量验收与评价标准》RFJ 01 的要求进行检测。

5 每樘/套防护设备应有一套完整的生产和安装质检记录。档案资料分为纸质版和电子版。电子版为纸质版的扫描件，应永久保存。

7.2.2 钢结构门类防护设备生产应符合国家现行有关标准、规范的规定，重点落实以下条款：

1 组焊门扇外面板时，面板与骨架应紧密贴合，按图纸焊缝要求焊接。焊接完毕后应报质检员检验，合格后方可转入下道工序。

2 面板拼接时，宜采用自动埋弧焊机焊接，接缝应在骨架上。焊缝成形后应平整、光滑，无气孔、咬边、未焊透等缺陷。

7.2.3 纤维增强复合材料生产应符合国家现行有关施工标准、规范的规定，重点落实以下条款：

1 纤维增强复合材料防护设备生产质量检查内容应包括原材料、外购件质量、工艺过程质量、半成品和成品质量，半成品和成品重点检查隐蔽项目和按图加工情况。

2 生产企业应建立纤维增强复合材料防护设备产品质量检测制度，明确生产过程中、出厂前、安装过程中、安装后各关键工序质量检测项目和方法，检测项目和指标以防护设备生产加工图纸和现行检测标准为准。检测不得漏项，并保存检测记录。

3 纤维增强复合材料防护设备检测项目应不少于现行标准规定的保证项目，依据的标准未规定保证项目时必须检测与材料和设备使用性能（如抗力、密闭）有关的项目，且应随机抽取企业留存的同条件试件或者工程已安装的门扇成品进行检测。

7.2.4 战时通风系统防护设备，如油网滤尘器、过滤吸收器、防护通风管道及闸阀等，其生产应符合国家现行有关施工标准、规范的规定，重点落实以下条款：

1 设备及其系统应避免不同类型金属接触，必须由两种金属接触的，应选用电位接近的金属。

2 设备及其系统紧固连接件、焊接件（焊点）不宜电镀。

3 设备及其系统不能采用涂层防护的，如电接触件，应采用特殊的保护方法，或密封，或加防护套。

7.2.5 涂层保护体系施工应符合国家现行有关施工标准、规范的规定，重点落实以下条款：

1 涂料供应商宜获得《质量管理体系》GB/T 19001（ISO 9001）、《环境管理体系 要求及使用指南》GB/T 24001（ISO 14001）和《职业健康安全管理体系 要求》GB/T 28001（OHSAS 18001）认可的证书，具备提供技术服务和履约能力。

2 施工人员应通过涂装专业培训。

3 除油、除盐分、除锈、除尘等工序作业之前应对焊接结构进行必要的预处理，包括：

1）粗糙焊缝打磨光顺，焊接飞溅物用刮刀或砂轮机除去。焊缝上深为0.8mm 以上或宽度小于深度的咬边应补焊处理，并打磨光顺。

2）锐边用砂轮打磨成曲率半径为 2mm 的圆角。

3）切割边的峰谷差超过 1mm 时，打磨到 1mm 以下。

4）厚钢板边缘切割硬化层，用砂轮磨掉 0.3mm。

5）表面层叠、裂缝、夹杂物须打磨处理，必要时补焊。

4 涂层试验方法、涂装要求和维修涂装参照《水工金属结构防腐蚀规范》SL 105、《公路桥梁钢结构防腐涂装技术条件》JT/T 722、《港口机械钢结构表面防腐涂层技术条件》JT/T 733、《混凝土桥梁结构表面涂层防腐技术条件》JT/T 695 相关内容执行。

附录 A 混凝土结构裂缝检测

A.1 检测项目

A.1.1 检测项目包括裂缝的位置、长度、宽度、深度、形态和数量,可采用表格和图形的形式记录。

A.2 裂缝宽度、深度检测

A.2.1 裂缝宽度的检测可采用裂缝测宽仪直接读数。

A.2.2 裂缝深度可采用超声波检测,必要时可钻取芯样予以验证。

A.2.3 对于还在发展的裂缝应进行定期检测,提供裂缝宽度及长度发展速度的数据。

A.3 裂缝的处理

A.3.1 判断是否为荷载或围岩变形使混凝土产生的裂缝,必要时对混凝土结构进行加固处理。

A.3.2 如为钢筋锈蚀导致产生混凝土的顺筋裂缝,要立即对混凝土结构进行加固处理。

附录 B 配套涂层体系

B.1 防护设备钢构件配套涂层体系

B.1.1 暴露于大气环境中的防护设备外表面涂层配套体系可按表 B.1.1 采用。

表 B.1.1 防护设备外表面涂层配套体系

配套体系编号	腐蚀环境作用等级	涂层	涂料品种	道数/最低干膜厚（道/μm）
RF01	B	底涂层	环氧富锌底漆	1/60
		中间涂层	环氧云铁中间漆	（1~2）/120
		面涂层	丙烯酸聚氨酯面漆	2/80
		总干膜厚度		260
RF02	C	底涂层	环氧富锌底漆	1/80
		中间涂层	环氧云铁中间漆	1/100
		面涂层	聚硅氧烷面漆	2/120
		总干膜厚度		300
RF03	D	底涂层	环氧富锌底漆	1/80
		中间涂层	环氧云铁中间漆	2/190
		面涂层	氟碳面漆	2/70
		总干膜厚度		340
RF04	E	底涂层	无机富锌底漆	1/75
		封闭涂层	环氧封闭漆	1/25
		中间涂层	环氧云铁中间漆	2/200
		面涂层	氟碳面漆	2/80
		总干膜厚度		380

B.1.2 封闭环境内表面涂层配套体系可按表 B.1.2 采用。

表 B.1.2 封闭环境内表面涂层配套体系

配套体系编号	腐蚀环境作用等级	涂层	涂料品种	道数/最低干膜厚（道/μm）
RF05	B，C	底面合一	环氧富锌底漆	1/80
		总干膜厚度		80

配套体系编号	腐蚀环境作用等级	涂层	涂料品种	道数/最低干膜厚（道/μm）
RF06	B，C	底面合一	环氧厚浆漆（浅色）	2/200
		总干膜厚度		200
RF07	D，E	底涂层	环氧富锌底漆	1/50
		面涂层	环氧厚浆漆（浅色）	2/200
		总干膜厚度		250

B.1.3 暴露于大气环境中的防护设备内表面涂层配套体系可按表 B.1.3 采用，或采用与外表面相同的涂层配套体系。

表 B.1.3　防护设备内表面涂层配套体系

配套体系编号	腐蚀环境作用等级	涂层	涂料品种	道数/最低干膜厚（道/μm）
RF08	B	底涂层	环氧富锌底漆	1/60
		面漆层	环氧厚浆漆（浅色）	2/200
		总干膜厚度		260
RF09	C，D，E	底涂层	环氧富锌底漆	1/60
		中间涂层	环氧云铁中间漆	（1～2）/140
		面涂层	环氧厚浆漆（浅色）	（1～2）/160
		总干膜厚度		360

B.2　防护设备钢筋混凝土构件配套涂层体系

B.2.1 防护设备钢筋混凝土构件配套涂层体系可按表 B.2.1 采用。

表 B.2.1　钢筋混凝土构件配套涂层体系

配套体系编号	腐蚀环境作用等级	涂层	涂料品种	道数/最低干膜厚（道/μm）
RF10	B	底涂层	环氧封闭漆	（1～2）/50
		中间涂层	环氧云铁中间漆	（1～2）/100
		面涂层	丙烯酸聚氨酯面漆	2/80
		总干膜厚度		230
RF11	C	底涂层	环氧封闭漆	（1～2）/50
		中间涂层	环氧云铁中间漆	1/100
		面涂层	聚硅氧烷面漆	2/120
		总干膜厚度		270

配套体系编号	腐蚀环境作用等级	涂层	涂料品种	道数/最低干膜厚（道/μm）
RF12	D	底涂层	环氧封闭漆	（1～2）/50
		中间涂层	环氧云铁中间漆	2/200
		面涂层	氟碳面漆	2/70
		总干膜厚度		320
RF13	E	底涂层	环氧封闭漆	（1～2）/50
		中间涂层	环氧云铁中间漆	2/220
		面涂层	氟碳面漆	2/80
		总干膜厚度		350

条文说明（部分）

目　　录

1 总 则

1.0.1 本指南所指的海洋环境作用主要指人防工程所接触的大气、土体和水体中的温湿度变化及所含有害介质对混凝土结构与防护设备性能的劣化作用。

1.0.2 本指南规定的耐久性基本要求是保证人防工程达到设计使用年限的最低要求。

2 术语和符号

2.1.6 人防工程设计使用年限是指在设计确定的环境作用和正常维修、使用条件下，作为人防工程耐久性设计依据并具有一定保证率的使用年限。

2.1.9 本指南定义的防护设备包含通常所说的防护密闭门、密闭门等防护设备和过滤吸收器等战时通风系统防护设备，如防护密闭门、密闭门、电磁屏蔽门、门式防爆波活门、非门式防爆波活门、超压排气活门、密闭阀门、滤尘器、过滤吸收器、防护通风管道及闸阀等。

4 原 材 料

本指南对原材料的技术要求高于国家现行标准《普通混凝土配合比设计规程》JGJ 55 和《预拌混凝土》GB/T 14902 的相关规定。建议 C45 及以上强度等级的高性能混凝土原材料按本指南执行。

4.1 水 泥

除了按批检验其强度、安定性、凝结时间和细度外，还应检测氯离子含量和碱含量。水泥的强度、安定性、凝结时间和细度应分别按国家现行标准《水泥胶砂强度检验方法》GB/T 17671、《水泥标准稠度用水量、凝结时间、安定性检验方法》GB/T 1346、《水泥细度检验方法 筛析法》GB/T 1345 及《水泥比表面积测定方法 勃氏法》GB/T 8074 等的规定进行检测。氯离子含量和碱含量可以采用化学方法或 X- 荧光进行测试。

水泥应按不同品种、级别、包装或散装仓号按批分别储存在专用的仓罐或水泥库内。因存储不当引起质量明显降低或水泥出厂超过三个月时，应在使用前对其质量进行复验，并按复验结果使用。

4.2 骨 料

4.2.1 对已经进行全面检验、质量符合标准规定、准予由产地组织运输进厂（场）的天然砂，进厂（场）时应按批检测其颗粒级配、含泥量及氯离子含量。

砂在运输与贮存时不得混入能影响混凝土正常凝结与硬化的有害杂质，并应防止将碎（卵）石、水泥及掺合料等混入；堆放砂的场地应平整、排水通畅，宜铺筑混凝土地面。

4.2.2 对已经进行全面检验、质量符合标准规定、准予由产地组织运输进厂（场）的碎石，进厂（场）时应按批检验其颗粒级配、含泥量、泥块含量、针/片状颗粒含量。需要时还应进行其他项目的检验。

碎石在运输与贮存时不得混入能影响混凝土正常凝结与硬化的有害杂质，并应防止将水泥、掺合料及砂等混入。贮存时宜按不同粒级分别堆放，使用时分级称料，以保证碎石级配合格；堆放碎石的场地应平整、排水通畅，宜铺筑混凝土地面。

4.3 矿物掺合料

4.3.1 矿渣粉检验按现行国家标准《用于水泥、砂浆和混凝土中的粒化高炉矿渣粉》GB/T 18046 的规定进行。

4.3.2 粉煤灰检验按现行国家标准《用于水泥和混凝土中的粉煤灰》GB/T 1596 的规定进行。

对进厂（场）的粉煤灰、磨细矿渣等矿物掺合料，应校对出产厂名、合格证编号、批号、生产日期、等级、数量及质量检验结果等。

粉煤灰及其他矿物质掺合料在运输与贮存时不得混入杂物。不同品种、不同等级的掺合料应分别运输与贮存，不得混杂。堆放掺合料的场地应平整、排水通畅，宜铺筑混凝土地面，并有防雨防风设施。

4.3.3 硅灰掺量一般不超过胶凝材料总量的 8%。

4.4 外 加 剂

外加剂应根据使用目的和混凝土的性能要求适当选择，并通过试验及技术经济比较确定用量。当混合使用不同外加剂时，应通过试验验证外加剂间的相容性和外加剂与水泥的相容性。

进厂（场）的外加剂应有生产厂提供的推荐掺量、相应减水率、主要成分的化学名称、氯离子含量、含碱量等说明，而且必须附有生产厂的质量证明书。

对进厂（场）的外加剂应检查核对其生产厂名、品种、包装、重量、出厂日期、质量检验结果等。各种外加剂的检验应按现行国家标准《混凝土外加剂》GB 8076、《混凝土外加剂匀质性试验方法》GB/T 8077、《混凝土外加剂应用技术规范》GB 50119、《混凝土膨胀剂》GB/T 23439 等的规定进行。

混凝土外加剂应对混凝土强度基本无影响，对混凝土和钢材无腐蚀作用，不污染环境，对人体无害；当混合使用外加剂时，应事先专门测定它们之间的相容性。

外加剂在运输和贮存时不得混杂及混入杂物。外加剂应设专库贮存，专人保管。外加剂储存过久或有可能影响质量情况时，使用前应予复验。不同品种的外加剂应分类存放，做好标记，不得受潮和污染。

4.5 水

4.5.1 本条规定适用于拌合用水及养护用水。

4.6　钢　　筋

4.6.1 同一结构中宜使用相同材质的钢筋,采用不同材质的钢筋时钢筋之间应进行绝缘隔离。

4.7　防护设备原材料

人防工程防护设备原材料主要包括钢材、混凝土、橡胶制品、纤维增强复合材料等。按照现行人防行业管理规定,门扇部件以纤维增强复合材料为主要材质的防护设备属于运用新技术新材料研制定型并纳入国家标准的防护设备,也称新材料防护设备。海洋环境人防工程应选用以上材质的防护设备。

防护设备多数原材料规格和性能要求在定型的设计图纸或者行业标准中已经给予明确规定,因部分规定不完整或需要更新,本指南进一步明确了海洋环境条件下人防工程防护设备对原材料的要求。

4.7.4 目前国内防护设备使用的纤维增强复合材料主要有玻璃纤维增强复合材料、连续玄武岩增强复合材料、高性能混凝土等。随着新材料、新技术的发展,可用于防护设备的材料将不断增加,其材料性能要求无法统一规定,但为保证产品质量的过程控制,研发和设计时应有明确的原材料关键性能和产(成)品物理、力学性能检测和功能性检测标准;研发和设计时未明确的,工程设计选用阶段应在设计说明中予以明确。

5 主体工程耐久性设计

5.1 碳 化 环 境

5.1.1 碳化环境指人防工程服务于停车场、地下商场等人流密集及普通区域的混凝土结构所处的环境，以及所处环境 Cl^- 浓度<500mg/L 的非盐渍土、非腐蚀地下水和非盐雾区域，主要考虑混凝土碳化和干湿交替引起的混凝土结构耐久性损伤。

5.2 冻 融 环 境

5.2.1 冻融环境指的是遭受反复冻融循环的环境，该环境能够导致混凝土的损伤。冻融环境下人防工程的耐久性设计应控制混凝土遭受长期冻融循环作用引起的损伤。

长期与水休直接接触并会发生反复冻融的混凝土结构构件，应考虑冻融环境的作用。

冻融环境下混凝土结构的构造要求应符合本指南的规定。对冻融环境中的混凝土结构薄壁构件，还宜增大构件厚度或采取有效的防冻措施。

冻融环境下人防工程施工时，混凝土构件在施工养护结束至初次受冻的时间不得少于一个月，并避免与水接触。冬期施工混凝土接触负温时的强度应大于 $10N/mm^2$。

上述环境下的人防工程混凝土结构进行防冻设计，保证混凝土结构在设计使用年限内的安全和正常使用功能。

5.3 氯 盐 环 境

5.3.1 海洋和近海地区的大气中都含有氯离子。海浪拍击产生大小为 0.1～20μm 的细小雾滴，较大的雾滴积聚于海面附近，较小的雾滴可随风飘移到近海的陆上地区。在重度和轻度盐雾区的地上或者近地面，人防工程会受到盐雾作用，在构件混凝土表层内积累的氯离子浓度可以很高，而且距离海岸线较近处地下水中的氯离子浓度与海水接近。如果人防工程处于冻融区域，在冻融与氯盐侵蚀的耦合作用下，工程处于很不利的状态，故此区域涨潮岸线以外 0～300m 范围内的地上或者近地面人防工程同样按照Ⅲ-E进行设计。

5.3.2 如果施工单位具有良好的施工和混凝土配制经验，只要能满足混凝土抗氯离子侵入指标即可，其强度等级不是绝对的控制指标。

保护层厚度为60mm及以上的混凝土构件应考虑抗裂措施。

表5.3.2中的混凝土抗氯离子侵入性指标与本指南表5.3.2中规定的混凝土保护层厚度相对应，如实际采用的保护层厚度大于表5.3.2的规定，可对本表中数据作适当调整。

表5.3.2提出的只是最低要求，设计人员应该充分考虑人防工程的具体情况，必要时提高相应的性能指标。为确保人防工程在设计使用年限内不需大修，应在使用阶段定期检测，必要时采取相应的防护与修复措施。

混凝土抗氯离子侵蚀性能可用氯离子在混凝土中的扩散系数表示。根据不同测试方法得到的扩散系数在数值上不尽相同，并各有其特定的用途。D_{RCM} 是在实验室内采用快速电迁移的标准试验方法（RCM法）测定的扩散系数。试验时将试件的两端分别置于上、下游溶液之间并施加电位差，上游溶液中含氯盐，在外加电场的作用下氯离子快速向混凝土内迁移，经过若干小时后劈开试件测出氯离子侵入试件中的深度，利用理论公式计算得出扩散系数，称为非稳态快速氯离子迁移扩散系数。这一方法最早由瑞典学者唐路平提出，现为北欧 NT Build492 和 GB/T 50082 标准方法。该方法已得到比较广泛的应用，不仅可以用于施工阶段的混凝土质量控制，还可结合根据工程实测得到的扩散系数随暴露年限的衰减规律，用于估算混凝土中钢筋开始发生锈蚀的年限。

设计使用年限为100年的Ⅲ-D、Ⅲ-E环境作用等级下的构件，在环境作用等级非常严重或极端严重时，如果通过提高混凝土强度、降低混凝土水胶比和增加混凝土保护层厚度等常规办法仍然有可能保证不了人防工程设计使用年限的要求，这时宜考虑采用一种或多种防腐蚀附加措施，提高人防工程使用年限的保证率。

5.4 盐渍土环境

5.4.1 本指南适用于盐渍土环境，主要考虑土壤中高浓度硫酸根离子对混凝土保护层的腐蚀损伤，以及其与氯离子耦合作用导致钢筋混凝土腐蚀损伤。

水试样和土试样的采集应符合现行国家标准《岩土工程勘察规范》GB 50021 的规定。各检测项目的试验方法应符合现行国家标准《土工试验方法标准》GB/T 50123 的规定。

上述环境下服役的混凝土结构使用过程中应定期检测。设计阶段应做出定期检测的详细规划，并设置专供检测取样用的构件或采取可靠的耐久性监测措施。

盐渍土环境中，用于稳定周围岩土的混凝土初期支护，如作为永久性混凝土结构的一部分，则应满足相应的耐久性要求，否则不应考虑其中的钢筋和型钢在永久承载中的作用。

当混凝土结构同时受到盐渍土环境和氯盐环境（Ⅲ-E）作用时，应首先满足氯盐环境（Ⅲ-E）下的混凝土设计指标，并在此基础上增加保护层厚度 5mm（盐渍土Ⅳ-D 级）和 10mm（盐渍土Ⅳ-E 级），且考虑混凝土的抗裂措施。

当混凝土结构在盐渍土环境下受到冻融作用时，应同时满足抗冻设计与抗盐渍土环境的耐久性设计。当处于Ⅱ-D 和Ⅱ-E 环境下时需使用引气混凝土，考虑硫酸盐冻融会导致混凝土保护层剥落，故在满足盐渍土环境下混凝土耐久性标准基础上，混凝土保护层厚度增加 5mm（服役年限 50 年）和 10mm（服役年限100 年）。

5.4.2 《铁路混凝土结构耐久性设计规范》TB 10005 中提出，在氯盐环境 H2、H3和 H4 条件下，建议 C40、C45 和 C45 最小保护层厚度为 40mm、45mm 和 55mm。

与盐渍土直接接触的构件为柱、墙或其他对混凝土保护层厚度控制有严格要求的结构构件（如板等），若与盐渍土环境直接接触，则需另行计算保护层厚度。

6 防腐蚀附加措施

6.1 一般说明

在外界环境作用下，人防工程采用防腐蚀附加措施的目的是减轻环境对混凝土构件的作用、减缓混凝土构件的劣化过程，达到延长构件设计使用年限的目的。从耐久性设计角度，如果采用的防腐蚀附加措施的保护作用持续周期较明确，则可考虑其对构件使用年限的贡献，即这时混凝土构件和附加防腐蚀措施在环境作用下共同保证构件的使用年限；如果措施的保护作用及其有效周期无定量研究和数据支撑，则可作为提高原混凝土构件对使用年限保证率的措施。

防腐蚀附加措施的选择应考虑人防工程所处环境的作用、工程施工与维护条件便利与否。如果采用的防腐蚀附加措施显著增加了工程造价，则需要综合考虑防腐蚀附加措施的成本与其保护效果，使构件的全寿命成本达到合理的水平。

6.1.2 定型的防护设备设计图纸或者行业标准中对防腐性能仅给出了通用要求，例如，防护密闭门涂层设计要求为"外露表面应涂防锈漆两道和淡黄色面漆两道"；维保规定为"注意维护保养，每年至少全面维护一次"，其中包含漆膜的维护；人防行业相关标准要求的检验项目主要有三项，即漆膜附着力、油漆漆膜耐候性和漆膜厚度。这与海洋环境作用要求之间存在较大差距，因此本指南规定人防工程所处环境作用等级为 B、C、D、E 时，除选用防护设备，还应进行防腐蚀涂层保护体系设计，同时给出了体系性能要求和技术要求。

当采用涂层防护时混凝土的龄期不应少于 28d。

6.2 混凝土表面涂层

表面涂层是在混凝土表面形成一层隔离屏障，阻止环境中的有害介质侵入混凝土内部，从而延长混凝土结构的使用寿命。涂层材料选择和技术要求应符合行业标准《水运工程结构耐久性设计标准》JTS 153 和《混凝土结构防护用成膜型涂料》JG/T 335 的规定。

6.3 混凝土表面憎水处理

硅烷浸渍是在混凝土表面涂覆一种可渗入混凝土表层的硅烷材料，依靠毛细管作用渗入混凝土表层，与混凝土发生化学反应，在混凝土表层形成憎水层，从而大大降低环境中水分和有害离子侵入混凝土内部的几率。对于表面潮湿的人防工程混凝土构件，因混凝土表层的毛细孔多处于充水状态，硅烷的浸渍渗透效果不理想，所以不宜采用。硅烷浸渍材料成分和技术要求应符合行业标准《水运工程结构耐久性设计标准》JTS 153 和《混凝土结构防护用渗透型涂料》JG/T 337 的规定。

6.4 钢筋阻锈剂

钢筋阻锈剂能够有效提高钢筋锈蚀的临界氯离子浓度，延缓氯盐环境中钢筋发生锈蚀的进程。但要保证掺阻锈剂后长期维持可靠的防腐蚀效果，仍有赖于混凝土保护层本身具有长期的高抗渗性和抗氯离子渗透性。因此，掺阻锈剂的同时还应采用护筋性能好的高性能混凝土。常用钢筋阻锈剂有无机、有机或复合型阻锈剂等。有些阻锈剂掺入混凝土后会影响混凝土的工作性或力学性能，因此选择阻锈剂时应进行必要的试验论证。掺入的阻锈剂不应降低混凝土的抗氯离子渗透性，对混凝土的初终凝时间、抗压强度及坍落度等应无不利影响。钢筋阻锈剂应符合行业标准《钢筋混凝土阻锈剂》JT/T 537 的规定。

6.5 防腐蚀钢筋

6.5.1 环氧树脂涂层钢筋是采用静电喷涂的方法在钢筋表面涂装一层环氧树脂粉末涂料，以保护钢筋。环氧树脂涂层即使在氯离子渗透至钢筋表面的情况下也能避免钢筋腐蚀。在美国、加拿大、欧洲、中东和我国香港地区，采用环氧树脂涂层钢筋防止钢筋混凝土结构在氯离子环境中的腐蚀已成功应用达 30 余年。

但是，使用环氧树脂涂层钢筋后混凝土构件的钢筋锚固长度加长，构件表面裂缝加大，构件刚度降低。制作环氧树脂涂层钢筋所采用的材料和加工工艺应符合现行国家标准《钢筋混凝土用环氧涂层钢筋》GB/T 25826 的规定；环氧树脂涂层钢筋的施工操作应符合行业标准《水运工程结构耐久性设计标准》JTS 153 的规定。

6.5.2 不锈钢钢筋是指采用不锈钢制备的钢筋。与普通碳素钢筋相比，不锈钢钢筋的脱钝氯离子浓度可提高 10 倍以上。然而，不锈钢钢筋的可焊性较差，一般采用套筒连接，连接部位应处于非严重腐蚀区域。而且不锈钢钢筋与混凝土的粘结强度偏低，需要更长的锚固长度。不锈钢钢筋级别、技术要求等应该满足国家现行标准《钢筋混凝土用不锈钢钢筋》GB/T 33959 的规定。

耐蚀钢筋是指采用耐蚀钢制备的钢筋。与普通碳素钢筋相比，耐蚀钢筋的脱钝氯离子浓度可提高 3 倍以上。相比不锈钢钢筋,耐蚀钢筋具有更好的可焊性和价格优势,但是目前国内还没有可参照的标准。

6.7 电化学防护

外加电流阴极保护即在钢筋混凝土构件上外加电场,给钢筋施加阴极电流,一方面使钢筋的电位负向增高,使其位于钝化区内,即使氯离子浓度较高也不会发生钝化膜破坏,保证钢筋本体避免腐蚀;另一方面,钢筋和辅助阳极之间产生的电场使氯离子向辅助阳极移动,避免向钢筋积聚而破坏钝化膜。因此,外加电流阴极保护是氯盐环境下最有效、最可靠的防腐蚀措施。通过合理选择长寿命辅助阳极及营运期的维护,该措施最高可以达到 50 年以上的保护年限。但是该措施一次性投资较大,需要外接供电电源,系统组成较复杂,需要长期维护。因此,该措施一般用于严酷环境中使用年限长、腐蚀风险高的人防工程关键部位。阴极保护电流密度、最低保护电位及具体保护设计应满足行业标准《水运工程结构耐久性设计标准》JTS 153 的规定。根据工程实际情况选用适宜的阴极保护电极系统。外加电流阴极保护系统可选用导电涂层阳极系统、活化钛阳极系统等;牺牲阳极阴极保护系统中阳极材料可选用棒状/块状锌阳极、锌网、锌箔、锌/铝合金喷涂层等。

6.8 防护设备防腐涂层

6.8.1 人防工程防护设备设计使用年限为 50 年,防腐蚀设计使用年限没有明确规定。参照《水工金属结构防腐蚀规范》SL 105、《公路桥梁钢结构防腐涂装技术条件》JT/T 722、《港口机械钢结构表面防腐涂层技术条件》JT/T 733、《混凝土桥梁结构表面涂层防腐技术条件》JT/T 695 等标准中的长效性涂层体系使用年限,确定防护设备涂层体系保护年限为大于或等于 20 年。

6.8.2 腐蚀环境分类符合本指南 3.2 环境类别规定的 B、C、D、E 环境作用等级。本指南给出的涂层体系同时适用于 ISO 12944-2 规定的 C2、C3、C4、C5 腐蚀环境作用等级。

6.8.3 防护设备涂层保护体系涂装部位按是否为传动表面和使用时对空气环境的暴露程度进行分类:外表面是指表面为非传动接触表面,且使用时完全暴露于空气环境;封闭环境内表面是指表面为非传动接触表面,且使用时不暴露于空气环境;非封闭环境内表面是指表面为非传动接触表面,且使用时不完全暴露于空气环境。

6.8.4 环境作用等级防护设备涂层保护体系涂装阶段按初次涂装和投入运营后

的修补涂装进行分类。

6.8.5 人防工程所处环境作用等级为 B、C、D、E 时，防护设备钢构件、钢筋混凝土构件的涂层体系性能应满足本指南的要求，复合材料构件应根据实际材料进行设计，设计保护年限不低于 20 年。

配套防护设备涂层体系可根据涂料的更新及使用过程中涂料的施工条件、工艺装备进行调整，设计时应重点考虑腐蚀环境、防腐寿命因素。涂层体系的整体性能应满足本指南的要求。

7 施工技术要求

7.2 防护设备

7.2.1 为对防护设备产品质量有效实施过程控制，生产企业应根据现有设备、人员、检测手段等情况制定生产加工工艺文件。

防护设备产品出厂前，生产企业应进行全数检验，产品本身的外形尺寸、使用功能等检测项目和涂层保护体系的底漆和中间漆都应达到100％合格。防护设备产品质量检验项目分为外形尺寸与配合尺寸检验、使用性能检验、材质和外观检验等。产品质量检验结果达不到合格等级指标的项目必须返工或整体报废。

每樘/套防护设备应有一套完整的生产和安装质检记录，内容包括材料合格证、材料质量证明文件、材料复检质量文件、零部件质检记录等。

7.2.5 涂料供应商基本要求：为有效控制涂层防护设备涂层保护体系使用的原材料的质量，使用的涂料除应进行抽样检测外，涂料供应商宜获得《质量管理体系》GB/T 19001（ISO 9001）、《环境管理体系要求及使用指南》GB/T 24001（ISO 14001）和《职业健康安全管理体系 要求》GB/T 28001（OHSAS 18001）认可的证书，作为技术服务和履约辅助保证条件。

施工人员基本要求：涂层施工是一门专业性较强的工种，为落实相关技术要求，保证施工质量，施工人员应通过涂装专业培训。

表面处理：表面处理是保证防护设备涂层保护体系质量的基础，实际工程中焊接表面处理不到位问题尤为突出，而焊缝位置恰恰是涂层保护体系最早失效的地方。因此，除油、除盐分、除锈、除尘等工序作业之前应对焊接结构进行必要的预处理。